AF381205

Numéro de Copyright

00071893-1

NATURALEZA

Relato

"Obra en Castellano"
Noviembre 2021

NUEVA EDICIÓN
2021

Autor
José Miguel RODRIGUEZ CALVO

© 2021 Jose Miguel Rodriguez Calvo
Éditeur : BoD-Books on Demand
12-14 rond-point des Champs-Élysées, 75008 Paris
Impression: Books on Demand, Norderstedt, Allemagne
ISBN: 9782322380992
Dépôt légal : novembre 2021.

NATURALEZA

José Miguel RODRIGUEZ CALVO

«Para nuestros Angelitos»

"Las cuatro estaciones del año son como los cuatro puntos cardinales, los marcadores que señalan y orientan nuestras vidas"

José Miguel Rodríguez Calvo
21 de julio 2018

Primavera

¡Primavera! ¡Primavera! Solo con escuchar tu nombre se nos alegra el corazón. ¡Qué precioso nombre! *"Primavera"*.
Con ganas, impaciencia, ansia, apresuramiento y entusiasmo la esperamos. Siempre se demora, se hace desear como una hermosa señorita. Nos hace languidecer, y a veces, incluso se hace la pícara y caprichosa.

De pronto, asoma la punta de su nariz, y después desaparece varios días. De nuevo vuelve, ¿se quedará?, nadie lo sabe, porque es una farsante traviesa. Estamos a veintiuno de marzo, venga, para ya de presumir, deja ya de burlarte, ya sabemos que eres hermosa admirable e irresistible, así que no te hagas la vanidosa.

Sabemos que eres amable, brillante, y que te gusta que te adulen. No obstante, eres también, sin lugar a duda, altruista y generosa, si muy generosa, estás rebosante de generosidad.

Tan solo hay que apreciar esa profusión de vida que aportas con tu llegada, esa excesiva abundancia que nos ofreces con tu incomparable gratitud.

¿Y a cambio de qué?

De nada, eres así por naturaleza, porque eres generosa y profusamente magnánima.

En tan solo unos días, el mundo cambia, se trasforma y desarrolla su increíble mutación.

Con tu barita mágica, tal un hada, conviertes todo nuestro entorno.

¿Cómo lo haces? ¿Cuál es tu poder?

Los exhaustos y desecados árboles brotan, y en escasos días se cubren de una preciosa mantilla verde.

Las plantas y flores multicolores rompen la estéril y árida corteza, para tomar posesión de la más mínima parcela de tierra, y hacerse con un privilegiado sitio al sol.

Los animales, mamíferos o insectos, se despiertan de su larga hibernación, como si sus alarmas hubiesen sonado a la vez.

— ¡Venga, todos arriba, ya es hora de iniciar la tarea! *"El último en pie, es un quejica"*

Entonces, empieza la carrera, que digo el maratón, para conseguir el mejor sitio, el más adecuado e idóneo para plantar su nido, excavar su madriguera o dar con el mejor refugio.

Y eso no aguanta ninguna demora, sin tardar, hay que ponerse a la obra.

¡Porque sí! Llegó el momento de procrear, y obviamente conseguir su mejor pareja. Para las hembras, elegir el macho más bello y fuerte, que sea capaz de defender su tribu y mantener alejados los inoportunos intrusos que vendrán sin duda a molestar la tranquilidad y seguridad.

Porque es la ley del más fuerte que reina en la naturaleza, por lo que tienes que estar en todo momento listo para defender tu integridad y la de tu indefensa descendencia.

Pero eso lo sabes, es así desde el principio de los tiempos, está en tus genes, y tal vez por eso este mundo, a veces cruel, es tan hermoso y perfecto.

Nosotros los humanos, hemos imaginado otras reglas, inventando innumerables códigos de conducta, para preservarnos de esa atroz ley de la jungla.

No obstante, ¿no podemos decir que estamos más protegidos y felices? ¡Se me antoja dudarlo!

¡Entonces sí! Se da el comienzo, ahora todos a la tarea, y cada uno conoce la suya y la desempeña con obstinación, asiduidad y maestría.

Sin embargo, ninguno de estos seres valientes, cursó el menor estudio.

A pesar de eso, sus refugios, nidos o madrigueras, son verdaderas obras de arte y que decir de las ingeniosas formas de las telarañas, o la capacidad de transformación de la repelente oruga, que después de su metamorfosis se convierte en una maravillosa mariposa.

Sí, que pequeños somos los humanos, cuanto tiempo y cuanto trabajo necesitamos para conseguir los conocimientos necesarios, y edificar nuestro cobijo.

Y qué profusión y abundancia de variedades de plantas, espléndidas y exuberantes, más unas que otras. Qué prosperidad, qué proliferación de riqueza y belleza.

Campos y colinas cubiertos de un magnífico manto esmeralda. El sol ahora más presente cada día, se eleva poco a poco cada vez más alto en el cielo.

El aire ya más cálido y acariciante, se llena de sutiles aromas y perfumes.

Los árboles frutales, pronto se adornarán con flores, tal cual, como fuegos artificiales, listos para celebrar una fiesta, la fiesta de primavera.

Hablando de celebración, también eres imaginativa y generosa, y si hay una que me viene de pronto a la mente, es la de Pascuas.

A pesar de ser una fiesta religiosa, esta ya se celebraba en la antigüedad para magnificar el despertar y el renacimiento de la vida.

Y aunque por regla general, se celebra a principios de abril, su fecha varía cada año.

Para los niños, y todos lo somos, esta fiesta es sinónimo de campanas, huevos y conejos de chocolate que, con exaltación y deleite, se recogen el domingo de Pascuas.

Otra fiesta muy agradable, de considerable importancia, sobre todo en Francia, que invariablemente nos proporciona el primero de mayo. Consiste en ofrecer un racimo de *"lirio del valle"* a las personas cercanas y amadas, con fin de desearles felicidad.

Esta costumbre se remonta al Renacimiento, pero los Celtas y los Romanos ya le otorgaban esta cualidad y virtud.

El primero de mayo es también el día del trabajo, y su asociación con la flor fue instituida oficialmente en el país galo por el mariscal Pétain, como día de concordia social. Para los trabajadores, este día permite celebrar manifestaciones multitudinarias de reivindicaciones.

El día de la Madre, como el de Pascuas, es variable, no obstante, por regla general lo celebramos el último domingo de mayo.

Y no es una novedad, en Grecia o en Roma, ya se celebraba esta preciosa fiesta.

Es una oportunidad para los niños, pero también para los adultos. Dedicarles un pensamiento, y ofrecerles un pequeño presente en reconocimiento de tanto amor y dedicación.

Podríamos seguir enumerándolas, porque son muchas, religiosas o no, pero sin lugar a dudas estas ofrecen siempre la oportunidad de reunirse y festejar.

¡Claro que sí! Tú, primavera, nos haces ser mejores, más atentos y optimistas. Contigo, nuestro ánimo retoma colores, y nuestros semblantes se adornan con amplias e iluminadas sonrisas.

También, nos haces más bellos, más confiados y auténtico. Nuestro comportamiento asertivo nos proporciona alas, y nada nos parece inalcanzable.

¡Porque sí! También tienes estos poderes y muchos más. ¿Qué seriamos sin ti?

Permanezcamos tranquilos y confiados, sabemos perfectamente que vas a ceder el paso a tu amigo verano, y estamos seguros de que volverás el año que viene, y te esperaremos con impaciencia y febrilidad.

Sin embargo, no somos tiernos contigo, los humanos somos los únicos seres empeñados en destruir desvergonzadamente, y sin mero remordimiento, todo lo que te has esforzado edificar y magnificar durante milenios. Solamente para satisfacer nuestro mezquino y miserable placer inmediato, sin preocuparnos ni un instante del futuro de nuestro planeta tierra, de la que te esfuerzas en hacerla bella y placentera.

¿Y nosotros, qué hacemos?

Destruir sin ningún remordimiento tu fabuloso trabajo, tu magnífica y majestuosa creación.

Arrasamos los bosques, cementamos tus bellos prados, ensuciamos tus ríos y océanos, contaminamos tu aire lleno de aromas salvajes, haciéndolo irrespirable. Todo ello con la sórdida excusa de aportar evolución y modernidad.

"Pobres diablos" como diría un conocido cantante español.

Qué gravísimo error, qué ceguera e inconciencia, y qué despreciable obstinación. Porque nosotros, seres considerados *"superiores",* no vemos que nuestra oscura y nefasta obstinación, nos lleva a la destrucción y al cataclismo total de nuestro valioso planeta.

Entonces, ya es hora de concienciarnos, y seguir tu ejemplo, si queremos sobrevivir.

Debemos volver a un modo de vida más respetuoso, sin obviamente renunciar a los beneficios del progreso.

Solo tenemos que controlarlo y hacerlo compatible con tu ejemplaridad.

¡Sí, primavera! Nos puedes ayudar, eres el espejo en el que debemos fijarnos para seguir tu camino, porque todo en ti es perfecto. Todo ha sido pensado y concebido, nada en tu universo es embozado o improvisado.

Que lección nos das, tú, la naturaleza, que nos superas a todos los niveles.

¡Respeto, sí, respeto! Por una vez utilicemos nuestra inteligencia de la que presumimos con tanta arrogancia y desprecio, para que nos sirva a respetar nuestra admirable naturaleza, sin la cual no existiríamos. Porque si persistimos en destruirla, nos extinguiríamos con ella.

¡Así que no tenemos ningún derecho! ¡No!

Entonces, intentemos pactar con ella. Sí, consentir un pacto de no agresión. Podemos seguir innovando, inventando y modernizando nuestras vidas, pero hagámoslo con moderación, vigencia y sin agresividad.

Entonces podríamos cohabitar, si conseguimos un respeto mutuo. Es posible, tan solo tenemos que optimizar una pequeña parte de esa inteligencia que se nos atribuye.

Todo sería posible, salvaríamos nuestro planeta, recobraríamos nuestros bosques y nuestras colinas verdes, nuestros mares y nuestros ríos cristalinos, llenos de esa abundante riqueza de especies que volverían a abundar en ellos. Ese aire puro y placentero que de nuevo acariciaría nuestras mejillas con suave calidez, tal un día de primavera.

Sin embargo, para algunos de nosotros, esa bella primavera no resulta tan generosa y placentera como podríamos pensar.

¡Claro que sí! También tienes tus defectos como todos. ¿Quién no los tiene?

Hablemos por ejemplo del polen de los árboles y plantas, ya veis a lo que me refiero.

Sabemos la vital importancia que tiene para la reproducción y por tanto la supervivencia de las especies vegetales siendo este el procedimiento de reproducción.

De hecho, el polen es el elemento masculino generado por las flores y plantas, este es difundido por el viento o por algunos insectos, como las abejas, lo que permite la polinización, y por lo tanto la germinación de las plantas.

Con la condición, claro está, de que el diminuto grano de polen llegue al pistilo de una flor femenina de la misma especie.

¡Bueno! No voy a detenerme más tiempo en este aspecto de la vida íntima de las plantas, mi insistencia estaría fuera de lugar.

Y, sin embargo, son estas diminutas partículas que proliferan con profusión en momentos muy precisos, las que causan algunos de nuestros serios problemas, desencadenando desagradables alergias.

Su proliferación puede causar en algunos de nosotros, serias patologías, como rinitis asmática, o conjuntivitis, por tan solo nombrar algunas, que pueden rápidamente desarrollarse y alcanzar incluso serias epidemias.

Otras de tus travesuras muy conocidas, que todos hemos sufrido algún día, es la dolorosa "Quemadura del sol"

¿Y por qué?

Apenas este aparece, todos queremos devolver los colores a nuestra pálida piel causada por los largos meses de invierno.

Con apresuramiento, nos libramos de nuestras superfluas prendas, para disfrutar del mínimo rayo de sol, sin pensar ni un segundo en las serias consecuencias que imponemos a nuestra piel deshabilitada y debilitada, por ese largo y extremo aislamiento durante los días fríos.

Esta brutal y apresurada exposición, no carece de consecuencias para nuestro cuerpo, y veremos que no tardará en manifestarse.

Como todos sabemos, el bronceado, es el resultado de la exposición de la piel al sol.

Nuestra estrella, que pesa más de trescientas mil veces que la tierra, esta constituida principalmente de hidrógeno y helio, lo que le concede una considerable fuente de energía, difundiendo una temperatura de unos seis mil grados en su superficie.

Este fenomenal calor emite diferentes ondas y rayos de luz, algunos visibles y otros no, pero todos nos afectan de una manera u otra.

Entre los cuales tenemos la luz visible, la ultravioleta y la infrarroja.

El infrarrojo produce principalmente calor, pero el más dañino y pernicioso para nosotros, es sin lugar a duda los UVB, estos son los responsables de las quemaduras solares, aunque su principal propósito es el de proteger nuestra piel, ofreciéndole un matiz dorado que llamamos bronceado.

Por lo tanto, la exposición abusiva al sol puede rápidamente llevarnos a situaciones dramáticas para nuestra salud, ya que primero causará el envejecimiento prematuro de nuestra piel, y en algunos casos extremos, afectar nuestro sistema inmunológico, llevándonos a patologías mayores como cataratas o aún peor cáncer de piel.

A pesar de todo, el sol también nos proporciona, y yo diría "con toda seguridad", una multitud de beneficios, si sabemos hacer buen uso de él, es el mejor remedio contra las depresiones causadas por falta de luz natural, dado que este ejerce casi inmediatamente un bienestar en nuestro organismo, difundiendo algunas hormonas como la endorfina.

El sol también es una provisión considerable de vitamina D, imprescindible para nuestros huesos.

No obstante, hablamos aquí de los rayos visibles, y no los UV, de ahí la importancia de recordar evitar exponer nuestra piel a las horas más agresivas.

Entonces, como disfrutar del sol de primavera sin tener que conceder los altos riesgos para nuestra piel, que pueden causar gravísimas enfermedades como el cáncer.

Estos son principalmente de dos tipos:

Cánceres no melanoma y cánceres de melanoma.

Los primeros, más frecuentes, se deben a la exposición ~~a los~~ de UVB.

Los segundos, menos frecuentes, pero mucho más serios, se deben a una larga exposición durante años, incluso desde la niñez, debidos a largas y repetidas exposiciones sin la protección adecuada.

Pero no vamos a quedarnos con esta faceta morosa y pesimista de nuestra radiante y hermosa temporada, tan agradable y benevolente, así que no seamos inicuos ni injustos con ella.

2

Verano

¡Adelante! Estamos a veintiuno de junio, ahora ya todo se encuentra en su lugar, todo está listo, preparado y ordenado, definitivamente cada uno ocupa su puesto, y cada cosa permanece colocada en su sitio.

¡Si Verano! ¡Ya llegaste! Tu rey de todos los excesos, príncipe de la abundancia y de la prosperidad, patrono de la profusión y exceso de locura, todo en ti rebosa de placer y lujuria, todo es demasiado, derrame y placer hasta el libertinaje.

Dado que eres generoso, contigo todo es alegría y goce en cada momento.

Nos llenas de ardor y nos atrapas con tu ritmo divertido y placentero, y nos dejamos llevar sin ofrecer la mínima resistencia.

De la misma manera comunicas tu acelerado compás a todos los seres y plantas del planeta.

Los árboles, las plantas, desde la flor más bella, hasta la más insignificante hoja de hierba quieren ser las más hermosas las más verdes, las más grandes, dado que deben pelear por conseguir alcanzar su necesario y adecuado lugar, para poder disfrutar de la luz y calidez, si quieren persistir y desarrollarse en este mundo.

Entonces, cada una desplegará sus mejores recursos, ya que la lucha es dura, si quieren atraer los insectos, y conseguir su indispensable polinización, su única razón de ser, la llegada de las esperadas frutas.

Y el mismo combate tendrá lugar con los animales, cada uno se apresurará con ardor edificar su imprescindible cobijo para procrear en paz.

La misma euforia llegará hasta los humanos, pero con otros objetivos y pensamientos.

Sí, porque para nosotros, el verano, es sinónimo de vacaciones, y actividades distintas mucho más placenteras, y en este sentido nuestra mente desborda de imaginación.

Pero no de inmediato, tendremos que esperar con resolución y paciencia los meses de julio y agosto.

El tiempo se nos hará muy largo, porque nuestro cuerpo y nuestra mente nos llaman a disfrutar de esa luz y calidez, que nos atrae al igual que un imán, fuera de nuestros hogares y oficinas.

Sí, verano, necesitamos tu sol, lo hemos esperado con tantas ganas y paciencia, es para nosotros también una necesidad de la que no podríamos prescindir.

Pues sí, vamos a tener que esperar esas famosas vacaciones de verano, no obstante, como somos astutos e ingeniosos, robaremos aquí y allá alguno que otro día, prolongando con ingenuidad nuestros fines de semana, simulando con estrategia alguna que otra enfermedad, tan oportunas tal la gripe o un refriado.

Y finalmente, después de tanta aplicación e impetuosidad, llegaremos por fin, a nuestras queridas vacaciones.

Sin la menor duda, sin perder ni un instante, llego el momento de marchar.

Todo está listo, todo preparado desde hace tiempo, las maletas llenas a rebosar, preparadas para nuestro destino, que alcanzaremos, ya sea en automóvil, tren o avión. Y así comienza una verdadera migración, con una indescriptible y desordenada afluencia sin igual, porque todos buscamos desesperadamente el codiciado sol, apresurándonos en los medios de transporte. Así para la mayoría de nosotros, nos encontramos presos en esas interminables filas de coches de los considerables atascos, y tan solo alguno que otro improvisado picnic en las áreas de descanso, nos alivia el viaje.

Aunque largo y agotador, sabemos que al final nos espera la recompensa.

Por lo tanto, aguantaremos cualquier sacrificio, y nada ni nadie nos desviará de nuestro esperado destino.

Nos aproximamos, ya solo faltan cien kilómetros, ya solo cincuenta, tan solo diez.

¡Bueno, por fin, ya llegamos!

¡Qué suerte! Sin el mínimo percance, ni tan siquiera un pinchazo, venga rápido, a descargar el coche, si ese coche tan sufrido por el exceso de carga, y la larga ruta, a quien nadie se le ocurre agradecerle el habernos traído a nuestro destino.

— *¡Que egoístas y desagradecidos, me lo van a pagar!*

Cada uno en su camping o en su habitación de hotel, se apresura para elegir su sitio, y rápidamente sin esperar buscamos el bañador, y todos al agua, ya colocaremos más tarde nuestras cosas.

Para muchos, encontrar un diminuto sitio libre en la playa para colocar su servilleta, resulta casi un milagro, mañana tendremos que madrugar si queremos acercarnos al tan esperado mar.

Pero no importa, estamos aquí, y no nos moveremos de nuestro sitio en todo el día.

Llega la tarde, y seguimos allí, ahora con un poco más de espacio, incluso podemos por fin, estirar los pies.

Cansados pero felices, regresamos a nuestros aposentos, y ahora comienzan los problemas.

Todos, desde el más pequeño al mayor, sienten un insoportable dolor en la piel.

¡Rápido a la farmacia!

Porque, aunque el sol es nuestro amigo, no perdona los excesos, tendremos que seguir sus reglas si queremos domarlo y que vuelva a ser nuestro fiel aliado.

Porque si la primavera es la temporada de las flores, el verano es el de las frutas, el momento de cosechar numerosos árboles frutales, y sobre todo la época de la siega de todos los cereales, trigo, cebada, avena y también maíz girasoles y muchos más.

Hablando de girasoles, que curiosa planta, se empeña en seguir el recorrido del sol desde la mañana hasta la tarde.

¡Es casi para marearte!

Sus famosas semillas nos procuran un apreciado aceite, pero también después de prepararlas, tostándolas y echándoles sal, son un delicioso pasa tiempos para niños y mayores en algunos países como España o Israel, conocidas por el nombre de *"pipas"*.

Los inmensos cultivos y cosechas de cereales se hacen hoy en día con herramientas y máquinas muy distintas, mucho más eficientes y sofisticadas, dejando atrás los costosos trabajos de estas labores realizadas antaño con las rudimentarias, oz o guadaña.

Las cosechas se trasforman en harinas y piensos para el consumo humano y animal.

¡Sí, verano! Eres generoso, calientas nuestros rostros y nuestros corazones, nos aportas vitaminas y suplementos que fortalecen nuestras deficiencias, y naturalmente nos proveés alimentos para los tiempos difíciles, afortunadamente llegas a punto, porque seríamos como la fábula de la cigarra de *"La Fontaine"*, desprevenidos y sin recursos.

¡Pero estás aquí! Si estás puntual a la cita, y nos aportas todo esto y mucho más.

Porque el verano es también el momento de las fiestas, de los excesos y locuras, también la oportunidad de encuentros y amores, ya sean eternos o efímeros.

No obstante, al igual que la primavera, tienes también tus defectos.

Tu profusión y abundancia aporta multitud de plagas, tal los insectos, avispas, moscas y mosquitos que nos agobian y nos persiguen sin la menor lástima cuando nos ponemos a cenar en las terrazas.

Y tal un ataque, que digo, un asalto aéreo, se lanzan en un instante sobre nosotros, a gritos de *"Tora,Tora,Tora"*.

Entonces, todos a cubierto, porque nada ni nadie los para, a pesar de nuestros sofisticados inventos.

También podríamos hablar de las numerosas serpientes o víboras que calientan sus cuerpos al sol, entre las altas hierbas de los senderos, que no dudarán en vengarse si tenemos la desgracia de interrumpir sus largas siestas al sol.

En las playas también nos esperan esas elegantes medusas o los erizos de mar, que, si tienes la ocurrencia de tocarlas o pisarlos, ya te puedes preparar para una visita a la enfermería.

Olvidemos por un instante estas angustiosas molestias y seamos un poco más positivos, nuestro hermoso verano, también nos distrae con sus numerosas fiestas y momentos divertidos, que no nos perderíamos por ninguna razón.

Todos esos festejos de nuestros queridos pueblos y aldeas nos hacen olvidar por unos días el rutinario ritmo de vida laboral, y nos aportan un nuevo y complaciente cambio, alegrando, aunque sea por un tiempo nuestro semblante deprimido y triste, cambiándolo por completo.

Los singulares y siempre agradables bailes populares o fuegos artificiales, nos distraen y alegran las noches, y que decir de nuestros peques, deslumbrados por los numerosos juegos y atracciones, de las ferias.

¡Sí, verano! Nos trasformas, nos acreces y nos haces mejores, más afables sonrientes y cariñosos, y tú, si solo tú eres el que relevas lo mejor de nuestro ser, esa parte a veces tan escondida que todos llevamos dentro, y que dudamos mostrar por esa absurda modestia que parece ser sinónimo de debilidad y deficiencia.

¿Por qué somos así? Porque nosotros los humanos tenemos esa aberrante y estúpida actitud con nuestros semejantes, sí, porque ese inepto y absurdo comportamiento, sin ninguna razón. ~~no~~ sería mejor dejar atrás esta ilógica e incoherente actitud, demostrando sin miedo, ni vergüenza, nuestro lado amable y cortés.

¡Sí! Mil veces sí, por supuesto, pero nuestro orgullo y nuestro miedo a revelar nuestros sentimientos, nos impide la mayoría de las veces, demostrar nuestros verdaderos sentimientos, corriendo el peligro de ser considerados seres débiles incapaces de hacer frente a los que, sin mera piedad, nos humillarían al más mínimo fallo o error.

Qué idiotez, que torpor, que falta de acuidad. Nosotros, los humanos, somos los únicos en actuar de esa manera, a veces se me ocurre desesperar de nuestra humanidad.

Sin embargo, tenemos la más alta capacidad y posibilidad de discernir y reflexionar sobre cuáles son las conductas adecuadas, y a pesar de eso, actuamos con estupidez, así que es obvio, estamos muy lejos de ser esos seres superiores de lo que tanto presumimos.

Sí, verano, tú nos enseñas todo eso y mucho más, nos obligas a deshacernos de ese velo de modestia y timidez, corrigiendo, aunque sea por un tiempo. Sí, ese siempre cortísimo periodo que nos ofreces cada año.

3

Otoño

¡Veintidós de septiembre, llegó el otoño! El tranquilo y dulce otoño. Terminaron las frenéticas carreras, se acabó lo de jugar al brillante e impetuoso chulo, por fin podemos quitarnos nuestras ridículas caretas que tan mal nos sentaban. Atrás dejamos las pretensiones y ese estúpido maquillaje de adorable muñeca *"Barbie"* que nos ridiculizaba.

Aterricemos con tranquilidad, y tomemos un descanso para admirar estos mágicos colores que nos ofrece la naturaleza, los innumerables follajes de los árboles y plantas de nuestros bosques y praderas.

Crucemos por unos días o unas horas, esos maravillosos y pacíficos caminos cubiertos de una suave alfombra de hojas.

Admiremos la dulzura que nos rodea, el aire todavía tibio que acaricia con suavidad y deleita nuestras mejillas, y si cerramos los ojos, nos sentiremos como levitando, llevados por una ola mágica más allá de nuestros sueños.

¡Eso es el otoño!

Así, después de haber colmado hasta la célula más pequeña de nuestro cuerpo, de vitaminas A, C, D, y todos esos favores del verano, nos encontramos listos, dispuestos a enfrentarnos a esta nueva temporada que apaciguará nuestro cuerpo con suavidad y ponderación para nuestro bienestar.

Ese bienestar tan necesario para nuestra salud y equilibrio, que nos ayudará a continuar o conseguir el éxito, ya sea económico o social, con armonía y placer.

Para todos, ha llegado la hora de volver a nuestras tareas, para nosotros los mayores sí, pero también para nuestros hijos que regresarán a sus aulas de escuela, con ganas, aunque a veces también mezcladas de algo de temor y aprensión.

Para las plantas, y los animales, también llegó el momento de la retirada, porque será necesario reconstituir y reponer fuerzas para pasar el largo invierno que no tardará en aparecer a la vuelta de la esquina.

En cuanto a los animales autóctonos, cada uno constituirá su propia reserva, y la mantendrá bien protegida en su guarida, para los largos meses de invierno.

Otras especies de aves migrarán hacia climas más favorables, pero solamente las más resistentes, el largo viaje de miles de kilómetros requiere mucha energía.

En cuanto a los insectos, la mayoría ponen sus huevos o larvas enterrados en el suelo o depositados en cualquier cavidad a la espera del momento adecuado.

Ahora, que placentero y agradable resulta pasear por nuestros parques o sotobosques para respirar ese aire suave que nos aporta calma y dulzura, proporcionándonos una plácida serenidad, después de esos meses de impetuosos e incesantes viajes.

Sí, qué bueno sentir nuestro cuerpo relajándose, ingiriendo y recuperando esta suave sedación con calma y esparcimiento que corre por nuestras venas, tal un suave flujo de paz interior.

A veces hasta nos sorprende tener tiempo para pensar.

¡Sí, otoño! Nos traes serenidad, ese dulce sentimiento que ya extrañábamos mientras vivíamos el perpetuo torbellino, del que disfrutábamos durante esas insensatas semanas.

Vamos a reanudar con cierto deleite esa pacífica y dulce vida, con nuestros viejos hábitos y reflejos que habíamos huido con tanta alacridad hace escaso tiempo.

El otoño, es también la temporada de siembras, y no es nada nuevo.

Desde siempre ha sido la época de preparar la tierra de los campos y huertos, y sembrar multitud de vegetales. Sabemos que lo sembrado en otoño, comenzará a crecer con más rapidez en cuanto regresen los días soleados, debido a que las plantas han tenido tiempo de desarrollar sus raíces antes del invierno, lo que las ayuda también a soportar con más facilidad los rigores del verano, y su falta de agua.

No obstante, tampoco se debe demorar demasiado esos sembrados, porque a partir de noviembre los suelos se vuelven excesivamente fríos, y el riesgo de heladas los llevaría al fracaso.

En tal caso sería prudente e incluso esencial esperar hasta el comienzo de la primavera.

El otoño a pesar de ser la temporada de la siembra, es ante todo la de las cosechas.

Manzanas, peras, patatas, verduras, y tantas más como las aceitunas y almendras.

Y por supuesto, sin olvidar la vendimia.

¿Por dónde empezar para describir esta secular tarea?

Todos sabemos que se remonta a la antigüedad, y desde tiempos pretéritos la viña, primero como planta silvestre y después mejorada a lo largo de los años por múltiples técnicas de injerto, nos da esa bebida tan apreciada por los seres humanos desde siempre.

Vino, esa singular bebida que siempre ha desarrollado un papel fundamental en muchas prácticas religiosas, y que, para algunas creencias, fue la bebida de los dioses.

Habría tanto que decir sobre este brebaje milenario, tan apreciado de todos, porque es mucho más que una sencilla poción. Forma parte de la historia de la humanidad.

Desde su descubrimiento, nunca ha dejado de ser tomado, siempre permanece presente en nuestras mesas, es sinónimo de celebración, alegría y placer.

Hoy en día, contamos con multitud de bebidas alcohólicas o no, y debemos protegernos de sus efectos nocivos para nuestros cuerpos, pero también nuestro comportamiento con los demás.

En otros tiempos, era el rey de la mesa, apreciado y estimado de todos, tanto en los suntuosos banquetes de la nobleza, como el más miserable albergue o posada por la plebe y gente común.

Y no voy a aventurarme en describir los extraordinarios qualificativos que se le atribuyen, desde los más fabulosos vinos hasta el peor de ellos.

Los rojos, los rosados, los blancos o del más famoso champagne.

4

Invierno

Temido por algunos, o ansiosamente esperado por otros, llegó el invierno.

No es de extrañar, porque sabíamos que tarde o temprano llegarías, como las otras estaciones, tan solo era cuestión de tiempo, porque estás programado y nunca faltas a la cita.

Eres serio, austero y adulto, y podemos perfectamente confiar en ti.

Todos deberemos adaptarnos y tomar medidas adecuadas, ya que tendremos que afrontar ese rigor que siempre te acompaña como la sombra, y que nos impondrás nos guste o no.

Y me atrevo a pensar que pones cierto sadismo y perversión en ello.

Ahora los días se hacen más cortos, la falta de luz altera sustancialmente nuestro moral, y cuando el sol se aventura en aparecer, siempre lo hace con cierto recelo, y sus tibios rayos apenas calientan nuestros cuerpos.

Y no nos quejemos, porque en nuestras latitudes podemos decir que somos unos privilegiados.

Que podrían decir los habitantes de las regiones polares, donde el día dura tan solo unas horas, por no hablar del invierno polar donde la noche dura las veinticuatro horas.

Bueno, estamos hablando de extremos, por supuesto, en nuestras latitudes eres mucho más indulgente, aunque pones a prueba nuestros cuerpos y recursos.

Pero debemos adaptarnos a esta nueva forma de vida, nos obligas a cambiar radicalmente nuestra manera de vestir.

Tendremos que protegernos de las hostiles temperaturas negativas que sin piedad ni benevolencia atacarán nuestros cuerpos debilitados, por todo tipo de dolencias tales, resfriados, gripes u otras muchas más plagas más graves, que arremeterán sin ninguna piedad especialmente con nuestros más debilitados ancianos.

Tus heladas y nevadas invadirán todo nuestro entorno, nuestras calles caminos o carreteras harán dificultosos y peligrosos los viajes, entonces deberemos limitar nuestros desplazamientos, y adoptar una forma de vida más letárgica.

¿Qué te hemos hecho para merecer eso?

Pero no importa, confía en nosotros, porque no vamos a permitir tu impetuosa actitud tan fácilmente.

Realmente, no vas a conseguir plantearnos problemas insuperables, nosotros humanos, hemos desarrollado desde largo tiempo la capacidad de hacer frente a tus incesantes ataques, construyendo viviendas cómodas y acogedoras, aunque desgraciadamente a menudo olvidamos la palabra *"solidaridad",* ignorando el nefasto destino de muchos de nuestros semejantes, que deben afrontar tu rigor permaneciendo en las inhospitalarias calles, afrontando el rigor del frío y del hambre.

A pesar de esta última observación de la que no podemos culparte, porque somos los únicos culpables, podemos esperar con serenidad y quietud, la llegada de días mejores.

No obstante, te vengas sin piedad cuando tenemos que dejar nuestros acogedores nidos, para cumplir con nuestras obligadas tareas, y tener que tomar los medios de locomoción.

Y tenemos que admitir que eres imaginativo, porque no nos perdonas nada, viento, frío, lluvia, nieve, hielo, que dificultan el más mínimo desplazamiento.

Sin embargo, no vamos a culparte más, porque a pesar de todo, tenemos que reconocer que también nos aportas cosas buenas.

Para nuestros peques, siempre eres bienvenido.

Que maravilloso cuento de hadas, cuando cubres nuestros parques y jardines con tu inmaculada mantilla blanca, que depositas la mayoría de las veces por la noche, para que la sorpresa sea total para ellos, al despertar.

Para nuestros críos, es como un enorme patio de recreo que les ofreces, les llena de exaltación y alegría. Que fabuloso placer verlos llenos de ardor y entusiasmo delectarse con un sinfín de juegos.

Invierno, debemos admitir que ahora sumas puntos.

Para algunos de nosotros, los adultos, también eres el bienvenido, contigo llegan también esos días de vacaciones de invierno, que nos permiten disfrutar de los placeres de la nieve y montaña.

¡Entonces sí! Finalmente te amamos invierno, eres necesario para nuestro equilibrio y el de nuestro planeta.

Permites el reposo y la regeneración de la tierra. La necesita como cualquier otra cosa u otro ser, porque todos queremos que el magnífico ciclo de la vida continúe sin cesar.

Y, además, también aportas tus abundantes días de ocio para todos.

Qué decir de las fiestas de noche buena y navidad, tan queridas por grandes y pequeños.

Pero, con tu permiso, quisiera jugar un poco al gruñón.

Estas importantísimas fiestas de suma relevancia para los cristianos han sido totalmente desviadas y convertidas en un derroche comercial, con el famoso Santa Claus, o Papa Noel como quieran llamarlo.

En todo caso han adulterado y convertido esas bellas fiestas en algo muy distinto de nuestra hermosa tradición.

Menos mal que nos quedan, noche vieja y año nuevo, y para nuestros peques los Reyes magos del seis de enero.

5

Veintiún de marzo, ¡ah, estás de vuelta!

— ¡Sabía que volverías, lo hubiese jurado!
Porque sé perfectamente que no eres una desertora,
¡Claro que no eres así!
Solo te gusta que te deseen, te encanta hacerte esperar
y hacernos languidecer.

Su majestad ama las solicitudes, los halagos, porque es una reina, un poco altiva y caprichosa, a veces difícil de entender, pero también una irresistible seductora. Como podemos culparla o criticarla, ella, que nos llena y nos satisface con sus mil maravillas, con sus incomparables vicisitudes, La apreciamos y la admiramos, hasta tal punto, que la perdonamos todos sus caprichos.

– Primavera, vamos, ¿estás lista?
¡Entonces, cuando quieras!

FIN

Del mismo autor

(Publicaciones en Castellano)

— **Perdido**
  (Novela)
— **Tierra sin Vino**
  (Novela)
— **El tesoro caído del Cielo**
  (Novela)
— **Secuestro en Salamanca**
  (Novela)
— **Mercado negro en la costa blanca**
  (Novela)
—**Naturaleza**
  (Relato)

Biografía

Jose Miguel Rodriguez Calvo
Natural de "San Pedro de Rozados"
(Salamanca) España
Doble nacionalidad hispanofrancesa
Residencia: (Francia)

**Du même auteur
en Français**

—**Notre petite Maison dans la Prairie**
(Récit autobiographique)
— **Les dessous de Tchernobyl**
(Roman)
— **Le Piège**
(Roman)
— **Amitiés singulières**
(Amitiés Amour et Conséquences)
(Roman)
— **Nature**
(Récit)
— **La loi du talion**
(Roman)
— **Le trésor tombé du ciel**
(Román)
— **Prisonnier de mon livre**
(Récit)
— **Sombres soupçons**
(Roman)
—**Strasbourg Banque & Co**
(Roman)
—**Mes amis de la Lune**

(Hchronie)

Biographie

Jose Miguel Rodriguez Calvo
Né à Salamanca « Castille » (Espagne)
De double nationalité franco-espagnole
Résidence: (France

Jose miguel rodriguez calvo